essentials

essentials liefern aktuelles Wissen in konzentrierter Form. Die Essenz dessen, worauf es als „State-of-the-Art" in der gegenwärtigen Fachdiskussion oder in der Praxis ankommt. *essentials* informieren schnell, unkompliziert und verständlich

- als Einführung in ein aktuelles Thema aus Ihrem Fachgebiet
- als Einstieg in ein für Sie noch unbekanntes Themenfeld
- als Einblick, um zum Thema mitreden zu können

Die Bücher in elektronischer und gedruckter Form bringen das Expertenwissen von Springer-Fachautoren kompakt zur Darstellung. Sie sind besonders für die Nutzung als eBook auf Tablet-PCs, eBook-Readern und Smartphones geeignet. *essentials:* Wissensbausteine aus den Wirtschafts-, Sozial- und Geisteswissenschaften, aus Technik und Naturwissenschaften sowie aus Medizin, Psychologie und Gesundheitsberufen. Von renommierten Autoren aller Springer-Verlagsmarken.

Weitere Bände in der Reihe http://www.springer.com/series/13088

Stefan Schäffler

Wissenschaftsphilosophie

Eine Einführung in die wissenschaftliche Modellbildung

Stefan Schäffler
Lehrstuhl für Mathematik und
Operations Research
Universität der Bundeswehr München
Neubiberg, Deutschland

ISSN 2197-6708 ISSN 2197-6716 (electronic)
essentials
ISBN 978-3-658-23870-4 ISBN 978-3-658-23871-1 (eBook)
https://doi.org/10.1007/978-3-658-23871-1

Die Deutsche Nationalbibliothek verzeichnet diese Publikation in der Deutschen Nationalbibliografie; detaillierte bibliografische Daten sind im Internet über http://dnb.d-nb.de abrufbar.

Was Sie in diesem *essential* finden können

- Die Rolle der Sprache in den Wissenschaften.
- Was ist Deduktion?
- Welche Wissenschaften sind rein deduktiv?
- Was ist Induktion?
- Naturgesetze oder Modelle?

für
Prof. Dr. Dr. h. c. Albert Gilg
in dankbarer Verbundenheit

Einleitung

Wir fühlen, daß selbst, wenn alle möglichen wissenschaftlichen Fragen beantwortet sind, unsere Lebensprobleme noch gar nicht berührt sind. Freilich bleibt dann eben keine Frage mehr; und eben dies ist die Antwort.
LUDWIG WITTGENSTEIN TRACTATUS 6.52

Ein im Jahre 2017 erschienener Grundriss der Wissenschaftsphilosophie[1] behandelt die Wissenschaftsphilosophie auf über 600 Seiten unter Mitwirkung von 29 Autoren. Besondere Aufmerksamkeit wird dabei der Wissenschaftphilosophie von Einzelwissenschaften geschenkt. Jede der 19 betrachteten Einzelwissenschaften wird in ungefähr gleichem Umfang behandelt, wie für den vorliegenden Text zur Verfügung steht. Dabei fällt auf, dass zwei – nicht nur für die Philosophie der Mathematik – bedeutende Persönlichkeiten, nämlich HANS HAHN (1879–1934) und BLAISE PASCAL (1623–1662), keinerlei Beachtung finden; dies ist bei weitem kein Einzelfall[2] und umso erstaunlicher, da diese Autoren meine eigenen wissenschaftsphilosophischen Ansichten wesentlich geprägt haben. Aus diesem Umstand

---

[1]SIMON LOHSE, THOMAS REYDON (Hrsg.): GRUNDRISS Wissenschaftsphilosophie. Meiner Verlag, Hamburg, 2017.

[2]Aus der unübersehbaren Menge an Literatur zur Wissenschaftsphilosophie (und synonym dazu zur Wissenschaftstheorie) seien die folgenden Bücher empfohlen, obwohl auch dort die genannten Persönlichkeiten keine Rolle spielen:

ALAN FRANCIS CHALMERS: Wege der Wissenschaft. Springer Verlag, Berlin, 2007[6].

BERNHARD LAUTH, JAMEL SAREITER: Wissenschaftliche Erkenntnis. mentis Verlag, Paderborn, 2005[2].

HOLM TETENS: Wissenschaftstheorie. C. H. Beck Verlag, München, 2013.

HARALD ANDREAS WILTSCHE: Einführung in die Wissenschaftstheorie. Vandenhoeck & Ruprecht, Göttingen, 2013.

ergibt sich der Glücksfall, die eigene Wissenschaftsphilosophie in der gebotenen Knappheit hier darstellen zu können und dabei zwei außergewöhnliche Persönlichkeiten in Erinnerung rufen zu können. Beide waren exzellente Mathematiker und Physiker, die sich somit als Insider mit Möglichkeiten und Grenzen der Wissenschaft beschäftigt haben. Beide waren aber auch grundverschieden. Während HANS HAHN als Atheist und Positivist methodologische Fragen und die Rolle der Sprache in den Mittelpunkt seiner Überlegungen stellte, entwickelte BLAISE PASCAL als tiefgläubiger Katholik eine Anthropologie und daraus eine spezielle Erkenntnistheorie (FRIEDRICH NIETZSCHE (1844–1900) nennt ihn den „einzigen logischen Christen"). Alle Veröffentlichungen von HANS HAHN (insbesondere auch die mathematischen Arbeiten) sind genau ausgearbeitete sprachliche Kunstwerke, wo jedes Wort seinen gewünschten Platz hat,[3] während die Überlegungen von BLAISE PASCAL häufig nur fragmentarisch dokumentiert sind und oft nur aus rasch notierten Gedankenfetzen bestehen. Dies ist natürlich der Tatsache geschuldet, dass er die meiste Zeit seines kurzen Lebens schwer krank war und unter furchtbaren körperlichen Schmerzen gelitten haben muss. Beiden gemeinsam ist aber die Angewohnheit, ein Thema in größtmöglicher Tiefe zu durchdringen und sich nicht mit oberflächlichen Lösungen zufrieden zu geben.

Im ersten Kapitel wird die für jede Wissenschaft zentrale Rolle der Sprache entwickelt und in diesem Zusammenhang geklärt, was man eigentlich meint, wenn man das Wort **logisch** verwendet. Darauf aufbauend erklärt sich dann die wissenschaftliche Methode der **Deduktion** fast von selbst. Als einzige Wissenschaft, die rein deduktiv ist und die ihre eigene Wissenschaftssprache genau festlegt, wird die Mathematik hoffentlich so vorgestellt, dass sich auch für Laien keine Probleme ergeben.

Das zweite Kapitel ist der wissenschaftlichen Methode der **Induktion** gewidmet. Im üblichen Sprachgebrauch dient die Induktion dazu, aus Beobachtungen ein Naturgesetz zu formulieren und gegebenenfalls solche Naturgesetze zu einer naturwissenschaftlichen Theorie zusammenzufassen. Diese Sichtweise ist mir (geprägt durch PASCAL) zu optimistisch. Nach meiner Überzeugung kommt man durch Beobachtungen in einem induktiven Schritt zu einem Modell, das die Beobachtungen subjektiv deutet, aber nicht objektiv erklärt wie der Begriff „Naturgesetz" vielleicht suggeriert. Dies hat zur Folge, dass Modelle nicht wahr oder falsch sind, sondern in gewissem Rahmen brauchbar oder unbrauchbar. Bei der Formulierung von Modellen (oder wenn man meine Interpretation nicht

---

[3]HANS HAHN: Gesammelte Werke. 3 Bände. Springer Verlag, Wien, 1997.

teilt, von Naturgesetzen) werden üblicherweise auch neue Größen in die Wissenschaftssprache eingeführt. Zum Beispiel führt SIR ISAAC NEWTON (1643–1727) durch sein Gravitationsgesetz die **Gravitationskraft** als neue Größe (in meiner Interpretation als Modellgröße) ein. Diesem Vorgang der Einführung neuer Größen wird in der Wissenschaftsphilosophie meiner Meinung nach viel zu wenig Aufmerksamkeit geschenkt und bildet daher einen Schwerpunkt des zweiten Kapitels.

Modelle sind nur brauchbar, wenn sie nicht nur die für die Modellbildung verwendeten Beobachtungen deuten, sondern auch Prognosen über neue mögliche Beobachtung zulassen. Diese Formulierung von Prognosen erfolgt stets deduktiv und gibt daher der im ersten Kapitel vorgestellten Deduktion ein neues Gewicht. Durch Prognosen und entsprechende Beobachtungen können sich Modelle bewähren oder falsifiziert werden (ein etablierter, aber unglücklicher Begriff, da wir ja im Zusammenhang mit Modellen nicht von wahr oder falsch sprechen wollen). Diesen Fragen ist das dritte Kapitel gewidmet. Das vierte Kapitel deutet die in den ersten drei Kapiteln vorgestellte Wissenschaftsphilosophie im Sinne von PASCALS Anthropologie.

Frau DR. ANNIKA DENKERT, meiner Frau DOROTHEA und DR. ALBERT GILG sei für die kritische Durchsicht des Manuskripts herzlich gedankt.

Inhaltsverzeichnis

Sprache, Mathematik und Deduktion 1

> *Ein allwissendes Subjekt braucht keine Logik,*
> *und im Gegensatze zu Plato können wir sagen:*
> *Niemals treibt Gott Mathematik.*
> HANS HAHN
>
> *Keiner kann aus seiner Sprache herausdenken.*
> WOLFGANG SCHADEWALDT

Betrachten wir zunächst zwei Aussagen:

Aussage 1: „Wenn jemand in München wohnt, dann wohnt er in Bayern."
Aussage 2: „Hans wohnt in München."

Es ist offensichtlich, dass mit diesen beiden Aussagen eine dritte Aussage – nicht expressis verbis, sondern implizit – einhergeht:

Aussage 3: „Hans wohnt in Bayern."

Die Tatsache, dass diese dritte Aussage implizit durch die beiden anderen Aussagen mit ausgesagt wird, liegt nun nicht daran, dass wir wissen, wo München und Bayern liegen und dass wir den Wohnort von Hans kennen, sondern alleine in der Art, wie wir unsere Sprache verwenden. Dies wird deutlich, wenn wir die ersten beiden Aussagen verändern:

© Springer Fachmedien Wiesbaden GmbH, ein Teil von Springer Nature 2019
S. Schäffler, *Wissenschaftsphilosophie*, essentials,
https://doi.org/10.1007/978-3-658-23871-1_1

Aussage 1': „Wenn jemand in Kiel wohnt, dann wohnt er in Bayern."
Aussage 2': „Hans wohnt in Kiel."

Auch jetzt wird Aussage 3 implizit durch die Aussagen 1' und 2' mit ausgesagt, obwohl Aussage 1' falsch ist.

Es kann also zu einer gegebenen Gruppe von Aussagen weitere Aussagen geben, die durch die gegebene Gruppe von Aussagen implizit mit ausgesagt werden – und dies nur aufgrund der Art, wie wir unsere Sprache verwenden und unabhängig davon, was wir für wahr oder falsch halten bzw. ob es die Dinge, von denen die Rede ist, überhaupt gibt, wie das folgende Beispiel nochmals verdeutlicht:

Aussage 1: „Alle Klingonen sind humanoid."
Aussage 2: „naHQun[1] ist ein Klingone."

und somit ist mit ausgesagt:

Aussage 3: „naHQun ist humanoid."

Durch Formalisieren solcher Beispiele kann man logische Regeln formulieren, deren Anwendung es gegebenenfalls ermöglichen zu entscheiden, ob eine Aussage durch eine Menge von Aussagen mit ausgesagt wird. Die Anwendung solcher Regeln nennt man **logisches Schließen** und die Kunst des logischen Schließens ist Teil der **Logik**.[2] Bei komplexen Sprachen wie der Umgangssprache ist ein komplettes Auflisten der logischen Regeln unmöglich. Wir lernen die Verwendung unserer Muttersprache auch nicht durch explizites Lernen logischer Regeln; daher gibt es auch nicht immer Konsens zwischen Gesprächspartnern, ob eine Aussage durch andere Aussagen mit ausgesagt, also **logisch** ist.

Für eine wissenschaftliche Tätigkeit ist es somit zunächst unabdingbar zu klären, in welcher Sprache und insbesondere mit welchen logischen Regeln eine spezielle Wissenschaft betrieben werden soll. Eine solche Sprache wird als **Wissenschaftssprache** bezeichnet. In der Mathematik wurde in einem langen historischen Prozess aus der Umgangssprache eine im Vergleich dazu sehr einfache Wissenschaftssprache entwickelt. In dieser Sprache wird nach einer fest vereinbarten Syntax über **Mengen** gesprochen und die Sprache selbst wird durch logische Gesetze (im Rahmen der mathematischen Logik) strukturiert und erhält dadurch die gewünsche Semantik (Bedeutung).

---

[1] alias Michael Roney, siehe: http://www.klingonwiki.net/De/Gender.

[2] siehe dazu das Standardwerk zur Geschichte der formalen Logik: JOSEPH M. BOCHEŃSKY: Formale Logik. Verlag Karl Alber, Freiburg, 2015[2].

Spricht man nun in einer Sprache über Sprache (wie in diesem Kapitel), so ist Vorsicht geboten. Die Sprache, über die man spricht, wird als **Objektsprache** bezeichnet, während die Sprache, in der man über die Objektsprache spricht, als **Metasprache** bezeichnet wird. Daher wird zum Beispiel die Wissenschaft, die die „Wissenschaft Mathematik" zum Gegenstand hat (während die Gegenstände der Mathematik selbst ja die Mengen sind), als **Metamathematik**[3] bezeichnet. Zu diesem Zweck wurde aus der Umgangssprache eine durch logische Gesetze klar strukturierte Metasprache entwickelt, die man verwendet, um über Mathematik (und damit auch über ihre Wissenschaftssprache) zu sprechen. Diese Metasprache ist im Rahmen der Metamathematik natürlich die Wissenschaftssprache. In der Praxis wird häufig für Objekt- und Metasprache dieselbe Sprache verwendet, zum Beispiel die Umgangssprache in der Aussage

Jamaika-Aus' ist das Unwort des Jahres 2017.

Diese Aussage ist unproblematisch, da die Ebenen der Meta- und Objektsprache getrennt sind. In der Metasprache wird eine Aussage über einen speziellen Begriff der Objektsprache, nämlich den Begriff *Jamaika-Aus* getätigt. Problematisch wird es, wenn in einer Aussage die Ebenen nicht mehr zu trennen sind, wie zum Beispiel in der Aussage

Diese Aussage ist falsch.

Ist die Aussage „Diese Aussage ist falsch" richtig, so ist sie falsch und umgekehrt.

Solche Aporien entstehen, wenn Dinge durch Verschränkung der Sprachebenen auf sich selbst bezogen werden.

Im Folgenden soll kurz skizziert werden, wie die Wissenschaftssprache der Mathematik aufgebaut ist und wie im Rahmen der mathematischen Logik bewiesen wird, dass eine Aussage durch gegebene Aussagen mit ausgesagt wird.[4] Die Mathematik spielt in diesem Zusammenhang nicht nur deshalb eine zentrale Rolle, weil sie die einzige Wissenschaft ist, die sich der Mühe der genauen Festlegung ihrer Wissenschaftssprache unterzieht, sondern auch deshalb, weil viele Wissenschaften sich der Mathematik und damit ihrer Wissenschaftssprache bedienen.

Beginnen wir mit der Syntax der Wissenschaftssprache der Mathematik. Die erste wichtige Feststellung ist durch die Tatsache gegeben, dass sich die Mathematik mit

---

[3] siehe PAUL LORENZEN: Metamathematik. B.I. Wissenschaftsverlag, Mannheim, 1980[2].

[4] Die exakte Vorgehensweise ist kompliziert und in OLIVER DEISER: Einführung in die Mengenlehre. Springer Verlag, Berlin, 2004 ausgezeichnet dargestellt.

Objekten beschäftigt, die als **Mengen** bezeichnet werden; die Wissenschaftssprache der Mathematik spricht also über Mengen. Unsere intuitive Vorstellung von Mengen sagt uns, dass Mengen aus einer Zusammenfassung von Elementen bestehen; da wir nur über Mengen reden, sind auch diese Elemente einer Menge wieder Mengen. Wir müssen also in unserer Sprache formulieren können, dass eine Menge A Element einer Menge B ist. Dies wird in der Form

$$A \in B$$

realisiert und als **Formel** bezeichnet. In der mathematischen Wissenschaftssprache wird genau festgelegt, wie eine Formel syntaktisch auszusehen hat; Formeln werden mit kleinen griechischen Buchstaben (φ, ψ usw.) bezeichnet. Nun soll es in unserer Wissenschaftssprache möglich sein, eine Formel φ zu verneinen, also zum Beispiel zu sagen, dass ‚A Element von B' nicht gilt. Dazu führt man das Symbol $\neg$ ein und notiert:

$$\neg(A \in B) \quad \text{bzw. allgemein:} \quad \neg\varphi.$$

Die Klammern verwendet man, um die Prioritäten zu klären.

Als nächstes führen wir die **wenn ... dann** Konstruktion (durch das Symbol $\rightarrow$) und die **und**-Verknüpfung (durch das Symbol $\wedge$) ein. Die Formel

$$(A \in B) \rightarrow (C \in D)$$

bedeutet somit: **Wenn** A Element von B ist, **dann** ist C Element von D (allgemein: $\varphi \rightarrow \psi$). Die Formel

$$(A \in B) \wedge (C \in D)$$

bedeutet: A ist Element von B **und** C ist Element von D (allgemein: $\varphi \wedge \psi$).

Ganz entscheidend ist, dass wir die Möglichkeit vorsehen, neue Sprachelemente mit Hilfe der bereits etablierten Elemente einzuführen (zu **definieren**). Wir verwenden zum Beispiel das Symbol $\vee$ (die **oder**-Verknüpfung) in folgendem Sinne

$$(A \in B) \vee (C \in D) \quad \text{bedeutet} \quad \neg(\neg(A \in B) \wedge \neg(C \in D)).$$

Also:

„Die Menge A ist Element von B **oder** die Menge C ist Element von D"
ist gleichbedeutend mit:
„Es gilt nicht: A kein Element von B und C kein Element von D".
Allgemein gilt:

$$\varphi \vee \psi \quad \text{bedeutet} \quad \neg(\neg\varphi \wedge \neg\psi).$$

Schließlich sind für die Sprache der Mathematik die Quantoren (**für alle** (notiert durch $\forall$) und **es existiert** (notiert durch $\exists$)) unabdingbar. So bedeutet

$$\exists A \,(A \in B),$$

dass eine Menge A existiert, die Element von B ist (somit hat B mindestens ein Element), während die Formel

$$\exists A \,(\forall B \,(\neg(B \in A)))$$

bedeutet, dass es eine Menge A gibt derart, dass jede Menge B nicht Element von A ist. Es gibt also eine Menge, die kein Element besitzt (die sogenannte **leere Menge**).

Wir haben aus unserer Umgangssprache sehr wenige Sprachelemente für die Syntax der Wissenschaftssprache der Mathematik ausgewählt, um über Mengen sprechen zu können. In der Umgangssprache sind die einzelnen Sprachelemente durch logische Gesetze verknüpft (die wir verwenden, ohne sie explizit zu kennen); nur so bekommt das Gesprochene auch eine Bedeutung (Semantik). Zum Beispiel ist die Verneinung ein Bindeglied zwischen dem Sprachelement **für alle...** und dem Sprachelement **es existiert...** Wenn wir sagen:

„Es existiert kein gelber Rabe"
so meinen wir
„Für alle Raben gilt: Sie sind nicht gelb".
und umgekehrt.
Die doppelte Verneinung wird zu eine positiven Aussage:
„Es ist nicht so, dass ich keinen Hunger habe"
bedeutet
„Ich habe Hunger".

Wie wir aus der Umgangssprache Sprachelemente für die Wissenschaftssprache der Mathematik ausgewählt haben, so müssen wir auch aus der Umgangssprache logische Gesetze auswählen, die der Wissenschaftssprache der Mathematik eine Semantik verleihen. Zum Beispiel wird das Prinzip der doppelten Verneinung in die Wissenschaftssprache der Mathematik übernommen und durch die Formel

$$(\neg(\neg\varphi)) \rightarrow \varphi$$

ausgedrückt. Formeln, die logische Gesetze der Umgangssprache in die Wissenschaftssprache der Mathematik übernehmen, werden als **logische Axiome** bezeichnet; es gibt 19 logische Axiome, die wir mit $\lambda_1, \ldots, \lambda_{19}$ bezeichnen. Unter Verwendung der Wissenschaftssprache der Mathematik werden zehn **mengentheoretische Axiome** $\mu_1, \ldots, \mu_{10}$ durch Formeln angegeben.[5] Diese Axiome legen fest, wann zwei Mengen gleich sind, über welche Mengen gesprochen wird und wie man aus bestehenden Mengen neue Mengen erhalten kann. Zum Beispiel wird festgelegt, dass die leere Menge existiert und dass eine Menge mit unendlich vielen Elementen existiert. Dabei bedeutet die Formulierung

es existiert eine Menge mit ...

nicht, dass man behauptet, dass diese Menge in der beobachtbaren Welt oder in einer abstrakten Welt der Ideen existiert, sondern es bedeutet, dass die Mathematiker über diese Menge sprechen wollen; sie wird nicht entdeckt, sondern bereitgestellt. Es gibt keinen durch Beobachtungen gerechtfertigten Grund, warum es eine Menge mit unendlich vielen Elementen geben soll; auf der anderen Seite sind viele der Überzeugung, dass die Tatsache, dass man solche Mengen (durch Axiome) beschreiben kann und dass die Mathematiker über diese Mengen sprechen wollen, Grund genug ist von einer realen Existenz dieser Mengen auszugehen. Diese Fragen sind deshalb von Bedeutung, weil sie uns bei der Diskussion über sogenannte Naturgesetze wieder begegnen werden.

Nachdem nun die Wissenschaftssprache der Mathematik syntaktisch eingeführt wurde, durch 19 logische Axiome eine Semantik erhalten hat und in dieser Sprache durch zehn mengentheoretische Axiome die Welt der Mengen, über die geredet werden soll, eingeführt wurde, bleibt noch die Frage offen, durch welche logischen Regeln man in dieser Sprache entscheiden kann, ob eine Aussage (gegeben durch eine Formel) durch die 29 Axiome mit ausgesagt wird. Zu diesem Zweck führen wir ein neues Symbol $\vdash$ ein mit der Syntax

$$\varphi_1, \ldots, \varphi_n \vdash \psi$$

und der Bedeutung

„In der Wissenschaftssprache der Mathematik ist ψ durch $\varphi_1, \ldots, \varphi_n$ mit ausgesagt."

Es ist nun wichtig festzuhalten, dass $\vdash$ **kein** Symbol der Wissenschaftssprache der Mathematik ist, sondern ein Symbol der Metasprache (hier die Umgangssprache), in der wir über die Wissenschaftssprache der Mathematik reden. Nun können wir die einzige logische Regel angeben, die man verwendet, um festzustellen,

---

[5]Zermelo-Fraenkel-Mengenlehre mit Auswahlaxiom.

ob eine Aussage gegeben durch eine Formel durch andere Aussagen mit ausgesagt wird. Diese Regel heißt **Modus ponendo ponens** oder kurz **Modus ponens** und lautet

$$(\varphi \to \psi), \varphi \vdash \psi$$

Diese Regel ist die Basis für das einführende Beispiel am Beginn dieses Kapitels.

Nehmen wir nun an, wir haben eine endliche Liste $\varphi_1, \ldots, \varphi_n$ von Formeln derart, dass für jedes $1 \le i \le n$ gilt:

   i. φ_i ist ein logisches Axiom *oder*

  ii. φ_i ist ein mengentheoretisches Axiom *oder*

 iii. es existieren k, l mit $1 \le k, l < i$ derart, dass gilt:

$$\varphi_l = (\varphi_k \to \varphi_n),$$

so wird in der dritten Alternative φ_n durch Anwendung des Modus ponendo ponens durch φ_l und φ_k (die sich beide in der Liste vor φ_n befinden) mit ausgesagt. Die Formeln φ_l und φ_k sind aber entweder Axiome, oder durch Formeln, die vor ihnen in der Liste stehen, mit ausgesagt. Somit ergibt die Liste $\varphi_1, \ldots, \varphi_n$ einen **Beweis** dafür, dass φ_n durch die 29 Axiome mit ausgesagt wird. Alle Mathematiker machen nichts anderes, als für (selbstgewählte oder allgemein für interessant gehaltene) Formeln φ einen Beweis zu suchen, dass φ oder $\neg\varphi$ durch die Axiome mit ausgesagt wird.[6] Könnte man beweisen, dass sowohl φ als auch $\neg\varphi$ durch die Axiome mit ausgesagt sind, so wäre die Mathematik unbrauchbar – ausschließen wird man das nie können, wie KURT GÖDEL (1906–1978)[7] gezeigt hat.

Obwohl im Vergleich zur Umgangssprache nur eine syntaktisch und semantisch sehr einfache Wissenschaftssprache der Mathematik bereitgestellt wird und obwohl die Welt der Mengen, über die geredet werden soll, nur durch zehn Axiome festgelegt wird, ergibt sich ein derart komplexes Universum an Mengen und ihren Eigenschaften, dass dieses Universum niemals komplett durchschaut werden kann; zudem können alle natur- und ingenieurwissenschaftlichen Phänomene, die Wissenschaftler untersuchen (d. h. be**sprechen**), durch Mengen adäquat ausgedrückt

---

[6]Der Erste, der diesen Sachverhalt – inspiriert durch den Tractatus logico-philosophicus von LUDWIG WITTGENSTEIN – klar erkannt und in seinem philosophischen Werk auch formuliert hat, war der große Mathematiker HANS HAHN, Initiator und einer der führenden Köpfe des Wiener Kreises; siehe HANS HAHN: Gesammelte Werke. Band 3. Springer Verlag, Wien, 1997.

[7] KURT GÖDEL: Über formal unentscheidbare Sätze der Principia Mathematica und verwandter Systeme I. In: Monatshefte für Mathematik und Physik, 38, 1931, S. 173–198.

werden.[8] Diese Tatsache öffnete der Mathematik die Türe als Basiswissenschaft aller Natur- und Ingenieurwissenschaften und brachte GALILEO GALILEI (1564–1642) dazu zu glauben, dass *„das Buch der Natur in der Sprache der Mathematik geschrieben"* sei. Der Frage, ob dies so sein muss oder ob man in den Natur- und Ingenieurwissenschaften auch weitestgehend ohne Mathematik auskommen kann, wird in Deutschland seit Jahren – insbesondere auch im universitären Bereich – durch flächendeckende „Feldversuche" intensiv nachgegangen. Der in hochschulpolitischen Kreisen etablierte Terminus „mathematikfreie Studiengänge" zeigt an, dass man in diesem Zusammenhang auch ein gewisses Marketingpotenzial erkannt hat.

Kehren wir nun zum Anfang dieses Kapitels (und damit zum vorangestellten Motto) zurück. Wären wir im Sinne von HANS HAHN allwissend, das heißt: würden wir sofort überblicken, welche Aussagen im Rahmen einer Sprache durch gegebene Aussagen mit ausgesagt sind, so bräuchten wir keine Logik und es gäbe keine Mathematik. Vielleicht sind wir in Deutschland dem Rest der Welt in dieser Hinsicht voraus.

Wie wir gesehen haben, besteht die Tätigkeit eines Mathematikers darin zu entscheiden, ob bzw. welche Formel durch die Axiome mit ausgesagt wird. Diese Vorgehensweise wird als **Deduktion** bezeichnet. Solange man sich über die Axiome als Basis einig ist (seit ca. 100 Jahren), ist die Mathematik eine rein deduktive Wissenschaft. Häufig wird behauptet, sie sei die einzige Wissenschaft dieser Art – dem ist aber nicht so. Nimmt man die aktuell gültigen Naturgesetze als Basis, so besteht die Aufgabe der Ingenieurwissenschaften darin zu entscheiden, was durch diese Naturgesetze mit ausgesagt ist und zwar im Hinblick auf technische Fragestellungen und ihre Realisierbarkeit. So ist zum Beispiel die Entwicklung des Kühlschranks basierend auf den Sätzen der Thermodynamik eine typisch ingenieurwissenschaftliche Leistung, die einerseits deduktiv die theoretische Möglichkeit und andererseits die technische Realisierbarkeit umfasst. Das Ergebnis ingenieurwissenschaftlicher Tätigkeit besteht daher nicht aus neuen oder überarbeiteten Naturgesetzen, sondern aus Patenten.

Von der ursprünglichen Idee ausgehend ist auch die katholische Theologie eine rein deduktive Wissenschaft. Den Axiomen entspricht dabei die Selbstoffenbarung Gottes durch die Schriften der Bibel und durch die Überlieferung beginnend bei den Aposteln. Diese Selbstoffenbarung Gottes gilt durch die Menschwerdung Jesu als abgeschlossen.[9] Die Aufgabe der katholischen Theologie besteht nun darin, diese

---

[8]Funktionen, Relationen, Zahlen, Strukuren und Operationen usw. – alles ist letztendlich durch Mengen gegeben.

[9]Katechismus der katholischen Kirche. Oldenbourg Verlag, München, 2003.

Selbstoffenbarung zu entfalten, also im Prinzip zu klären, was implizit mitgeoffenbart wurde und somit das **depositum fidei** (Glaubensgut) ans Licht zu bringen. Dabei versteht es sich von selbst, dass kein Mensch das Recht hat, dieser Selbstoffenbarung etwas hinzuzufügen oder etwas zu streichen und damit Gott zu spielen. Da sowohl die Offenbarung selbst in verschiedenen Umgangssprachen (zum Beispiel Hebräisch, Aramäisch und Griechisch in der Bibel) schriftlich und mündlich überliefert wurde und da auch die Sprache der katholischen Theologie nicht mehr durch Latein, sondern durch verschiedenste Umgangssprachen gegeben ist, ist die Exaktheit der Mathematik in der deduktiven Vorgehensweise der katholischen Theologie nicht zu erreichen. Daher benötigt man eine Instanz, die letztendlich entscheidet, ob eine Aussage zum Glaubensgut gehört oder nicht. Diese Instanz ist das kirchliche Lehramt, das die rein konservative Aufgabe hat, das Glaubensgut unverfälscht durch die irdische Zeit zu tragen und manche Theologen an ihren ursprünglichen Auftrag zu erinnern. Wer also glaubt, die katholische Kirche solle progressiver werden und dem Zeitgeist mehr Beachtung schenken, hat die Idee nicht verstanden. Soll eine besonders wichtige Aussage als Teil des Glaubensguts festgestellt werden, so geschieht dies durch die Verkündigung eines Dogmas.

In der scholastischen Theologie aber auch in Werken der Philosophie kommt auch rein formal die Nähe zur Methodik der Mathematik zum Ausdruck, wenn etwa Definitionen, Sätze und Beweise explizit formuliert werden.[10]

Neben den rein deduktiven Wissenschaften liegt die besondere Bedeutung der Deduktion darin, dass keine Art von Wissenschaft in ihrer Methodik auf einen deduktiven Anteil verzichten kann; darauf wird noch einzugehen sein.

---

[10]siehe zum Beispiel: BARUCH DE SPINOZA: Ethik in geometrischer Ordnung dargestellt. Verlag Felix Meiner, Hamburg, 2012[3].

Beobachtung und Modellbildung

Ἐκ μέρους γὰρ γινώσκομεν
καὶ ἐκ μέρους προφητεύομεν.
*(Denn stückweise erkennen wir
und stückweise prophezeien wir.)*
1 KORINTHER 13,9

Seit der Antike (beginnend mit ARISTOTELES (384–322)) hat man beobachtet, dass sich Massen gegenseitig anziehen. Bereits im 9. Jahrhundert erklärte der persische Mathematiker und Astronom MUHAMMAD IBN MUSA AL-CHWARIZMI (um 780 – ca. 850) die Bewegungen der Himmelskörper durch eine Kraft. SIR ISAAC NEWTON (1643–1727) beschrieb in seinen *Philosophiae Naturalis Principia Mathematica*[1] von 1686 die Gravitation (also die gegenseitige Anziehung von Massen) durch eine mathematische Formel, bei der er eine neue Größe, die **Gravitationskraft**, als mathematisches Objekt (und damit in heutigem Kontext als spezielle Menge) einführte. Dadurch hat er zwei wesentliche Dinge erreicht:

i. Beobachtungen, die die Massenanziehung betreffen, konnte er durch sein Gravitationsgesetz deuten.
ii. Durch das Gravitationsgesetz konnten auch Phänomene prognostiziert werden, die man noch nicht beobachtet hatte, die aber beobachtbar sind.

---

[1] ISAAC NEWTON: Philosophiae Naturalis Principia Mathematica. Cambridge University Press, Cambridge, 1972.

© Springer Fachmedien Wiesbaden GmbH, ein Teil von Springer Nature 2019
S. Schäffler, *Wissenschaftsphilosophie*, essentials,
https://doi.org/10.1007/978-3-658-23871-1_2

Der Mathematiker URBAIN LE VERRIER (1811–1877) hat herausgefunden, dass durch das Gravitationsgesetz von Newton die Existenz eines unbekannten Planeten mit ausgesagt ist und dass sich dieser Planet zu einem gewissen Zeitpunkt an einem gewissen Ort befinden müsste. Am 23. September 1846 fand der deutsche Astronom JOHANN GOTTFRIED GALLE (1812–1910) zum genannten Zeitpunkt an dem angegebenen Ort den Planeten Neptun.

Der Weg von Beobachtungen bzw. Messungen zur Formulierung einer Theorie[2] zur Deutung dieser Beobachtungen und zur Prognose noch nicht beobachteter Phänomene wird als **Induktion** bezeichnet. Die Induktion als wissenschaftliche Methode hat ihren geistesgeschichtlichen Ursprung, als die Menschen begannen, ihre Umwelt (zum Beispiel Naturphänomene wie Blitz und Donner) nicht mehr mit Erschrecken (etwa vor einer zürnenden Gottheit) sondern mit Staunen zu begegnen. WOLFGANG SCHADEWALDT (1900–1974) hat in seinen Tübinger Vorlesungen über die Anfänge der Philosophie bei den Griechen[3] gezeigt, wie dieser Übergang vom Erschrecken zum Staunen bereits bei HOMER (um 850 v. Chr.) erkennbar ist und dann bei den milesischen Vorsokratikern an die Oberfläche kommt. Er konnte auch eindrucksvoll darstellen, dass dies kein Zufall war, sondern neben anderen Faktoren der Besonderheit der griechischen Sprache geschuldet ist.

Versucht man, die Periheldrehung des Planeten Merkur durch das Gravitationsgesetz von NEWTON zu erklären, so gelingt dies nur mit einer Genauigkeit von ca. 90 %. Ist also das Gravitationsgesetz falsch? Gibt es überhaupt eine Gravitationskraft? Bevor wir auf diese Fragen näher eingehen, betrachten wir ein weiteres Beispiel induktiven Vorgehens.

Durch die Beobachtung neurotischer Symptome von Patienten und durch die Analyse ihrer Träume hat SIGMUND FREUD (1856–1939) das Drei-Instanzen-Modell der menschlichen Psyche bestehend aus **Es, Ich** und **Über-Ich** geschaffen.[4] Während das Es die unbewusste Struktur aus Trieben, Affekten und Bedürfnissen darstellt, repräsentiert das Ich eine Realitätsinstanz, in der das Wahrnehmen, Denken und das Gedächtnis verankert sind. Mit dem Über-Ich wird jene psychische Struktur bezeichnet, in der Normen, Werte und das Gewissen angesiedelt sind. Diese drei Elemente stehen durch Fordern (Es und Über-Ich) und Kontrollieren

---

[2]Das Wort *Theorie* (ἡ θεωρία) ist ein Lehnwort aus dem Altgriechischen und bedeutete zunächst **heilige Schau**, was sich dann zur Bedeutung **Beiwohnen ohne Verpflichtung** entwickelt hat.

[3]WOLFGANG SCHADEWALDT: Die Anfänge der Philosophie bei den Griechen. Die Vorsokratiker und ihre Voraussetzungen. Tübinger Vorlesungen Band I. Suhrkamp Verlag, Frankfurt am Main, 1978.

[4]SIGMUND FREUD: Das Ich und das Es, in: Studienausgabe, Bd. III: Psychologie des Unbewußten. Fischer Verlag, Frankfurt am Main, 1975.

(Ich) in Beziehung. Psychische Erkrankungen lassen sich durch Störungen dieser Beziehung deuten. Ferner kann man prognostizieren, welche Symptome auftreten werden, wenn man von bestimmten Störungen ausgeht. Die Aufstellung dieses Modells war eine herausragende Leistung induktiver wissenschaftlicher Methodik – unabhängig davon, dass es in den letzten knapp einhundert Jahren weiterentwickelt und erweitert wurde. Vergleicht man die Vorgehensweise von NEWTON und FREUD, so kann man prinzipiell keinen Unterschied erkennen:

- Beobachtungen (einerseits Massen, die sich anziehen, andererseits neurotische Symptome und Träume von Patienten) führen zur Formulierung einer Theorie, die diese Beobachtungen deutet (einerseits das Gravitationsgesetz und andererseits das Drei-Instanzen-Modell).
- Zur Formulierung dieser Theorie werden neue Größen in die jeweilige Wissenschaft eingeführt (einerseits die Gravitationskraft, andererseits das Es, das Ich und das Über-Ich).
- Die neue Theorie erlaubt Prognosen, die auch tatsächlich beobachtet werden können.

Es stellt sich also die Frage, warum wir bei NEWTON von einem Naturgesetz sprechen und bei FREUD von einem Modell. Warum gilt die Existenz der Gravitationskraft als unbestritten, während man bei den Modellgrößen Es, Ich und Über-Ich durchaus Zweifel an deren realer Existenz hat. Ein häufig gehörtes Argument lautet, dass die Gravitationskraft existiert, weil man sie messen kann. Dieses Argument ist aber offensichtlich Unfug. NEWTON hat die Gravitationskraft durch seine Theorie eingeführt, um Messungen zu deuten. Setzt man voraus, dass das Gravitationsgesetz von NEWTON (inklusive der Existenz der Gravitationskraft) wahr ist, so kann man – wie in der Schule erlebbar – die Gravitationskraft messen, indem man zum Beispiel die Ausdehnung einer geeigneten Feder, an der eine Masse hängt, misst und eine Proportionalität zwischen Ausdehnung der Feder und der Größe der wirkenden Kraft annimmt. Diese Art, die Gravitationskraft zu messen, ist aber kein Beweis für ihre Existenz, da wir ja die Gültigkeit des Gravitationsgesetzes und damit die Existenz der Gravitationskraft vorausgesetzt haben. Man kann natürlich exakt den gleichen Messvorgang vornehmen, ohne die Gültigkeit des Gravitationsgesetzes vorauszusetzen, aber dann messen wir nichts anderes als die Ausdehnung einer Feder, die wir nicht deuten können, weil keine Theorie mit entsprechender neuer physikalischer Größe zur Verfügung steht.

Ein wesentlicher Unterschied zwischen der Theorie NEWTONS und des Modells von FREUD ist durch die verwendete Sprache gegeben, denn die besondere Leistung von NEWTON liegt darin, die vorhandenen Ideen seiner Vorgänger und Zeitgenossen – hier ist vor allem ROBERT HOOKE (1635–1703) zu nennen – mathematisch umgesetzt zu haben:

> Die Bedeutung der Newtonschen Theorie ist, die Bewegung als eine mathematisch beschreibbare Wirkung aufzufassen. Das hat den Preis, daß die (physikalisch philosophische) Ursache nicht benannt werden kann. Sie bleibt in den Principia insofern aus der Diskussion heraus, als Kraft ihre Bedeutung nur als mathematisierbare Bewegungsursache hat. Kraft ist all das, was einen Bewegungsablauf mathematisch deuten hilft. Darin liegt die Verallgemeinerbarkeit des Newtonschen Begriffs einer mathematischen Kraft: Gravitationsphänomene, wie auch solche der Elektrizitätsfelder und des Magnetismus, können mit diesem Kraftbegriff beschrieben werden. Ihre Ursache – im Sinne von letzter Ursache – ist nicht bekannt, und sie kann und soll auch nicht angegeben werden. Darauf hat Newton selbst immer wieder hingewiesen und es bedauert.[5]

Die Gravitationskraft ist also ein Hilfsmittel, um Bewegungsabläufe **deuten** zu können. Im Gegensatz zu einer **Erklärung** von Sachverhalten, von der man erwartet, dass sie – unabhängig davon, wer etwas erklärt – wahr ist, ist eine **Deutung** eine subjektive Interpretation von Sachverhalten. Deshalb sprechen wir auch von ‚Deutungshoheit‘, aber nie von ‚Erklärungshoheit‘.

Von Naturgesetzen würden wir erwarten, dass sie uns Phänomene (wie die Gravitation) erklären, von einem Modell erwarten wir eine Deutung. Es ist nicht sinnvoll zu fragen, ob ein Modell wahr oder falsch ist, sondern ob und und unter welchen Bedingungen es brauchbar ist. Somit ist auch das Gravitationsgesetz von NEWTON ein Modell und die Gravitationskraft ist eine Modellgröße. Dieses Modell war für die Prognose der Position des Neptun hervorragend geeignet, für den Merkur nur bedingt. Verwendet man zur Berechnung der Periheldrehung des Merkur nicht das Gravitationsmodell von NEWTON, sondern die wesentlich kompliziertere allgemeine Relativitätstheorie von ALBERT EINSTEIN (1879–1955) basierend auf den mathematischen Ergebnissen von HERMANN MINKOWSKI (1864–1909), so ist das Ergebnis wesentlich genauer; die der Gravitationskraft entsprechende Modellgröße der allgemeinen Relativitätstheorie ist die **Gravitationswelle.** Welches Modell man für welche Fragestellung verwendet, hängt also einerseits von der Komplexität des Modells ab und andererseits davon, ob das Modell passt und den gewünschen Anforderungen an die Genauigkeit genügt. Niemand wäre wohl so verrückt, den von

---

[5]WOLFGANG NEUSER: Natur und Begriff. Springer Fachmedien, Wiesbaden, 2017², S. 39 f.

einem Baum fallenden Apfel durch die allgemeine Relativitätstheorie zu modellieren.[6]

Betrachten wir dazu ein klassisches Beispiel, nämlich das Phänomen **Licht.** Dafür gibt es einerseits ein Wellenmodell von CHRISTIAAN HUYGENS (1629–1695), das zum Beispiel beim Doppelspaltversuch zur Anwendung kommt, und andererseits ein Teilchenmodell von NEWTON, das für die Modellierung des photoelektrischen Effekts verwendet wird. Für den Doppelspaltversuch ist das Teilchenmodell unbrauchbar und für den potoelektrischen Effekt das Wellenmodell. Beide Modelle können nicht erklären, was Licht eigentlich ist, aber sie können deuten, wie sich Licht unter gewissen Bedingungen verhält.[7]

Damit stellt sich die Frage, welche Regeln man bei der Modellbildung beachten sollte. Dazu ein Beispiel:

Misst man die Ausdehnung einer Feder bei Verwendung verschiedener Massen, so kann man feststellen, dass der Quotient zwischen Masse und Ausdehnung nahezu konstant ist. In einem cartesischen Koordinatensystem ergeben die Messpunkte nahezu eine Gerade. Man kann nun diese Messungen verschieden deuten. Man könnte die Messungen durch einen Polygonzug verbinden und damit ein Modell formulieren. Dieses Modell hätte aber gerade an den (durch die zur Verfügung stehenden Massen) gegebenen Messpunkten einen Knick, während man zwischen den Messpunkten einen linearen Zusammenhang (Proportionalität) hätte. Verbindet man die Messpunkte durch ein Polynom, so hängt einerseits der minimale Grad des Polynoms von der Anzahl der Messpunkte ab, andererseits kann es passieren, dass das Polynom zwischen den Messpunkten Werte annimmt, die sehr weit von den Messwerten an den Messpunkten entfernt sind. Während das erste Modell eine qualitative Eigenschaft hat (Knicke an den Messpunkten), die nicht sinnvoll erscheint, wird das zweite Modell bei der Prognose der Ausdehnung mit Massen, die noch nicht verwendet wurden, scheitern. Das einfachste Modell besteht darin, zwischen

---

[6]Eine weitere besondere Leistung soll hier wenigstens erwähnt werden. Dem Sanskritforscher FRANZ BOPP (1791–1867) gelang es durch Untersuchungen von Verbalstrukturen, ein Modell für die genetische Verwandtschaft verschiedener Sprachen zu entwickeln und auf eine indogermanische (synonym dazu: indoeuropäische) Ursprache als Modellgröße zu beziehen. Dieses Modell hat auch heute noch bestand und ist eine außerordentliche Leistung induktiven Vorgehens, egal ob es diese Sprache je gegeben hat.

[7]Im Jahre 1616 forderte Kardinal ROBERTO FRANCESCO ROMOLO BELLARMINO SJ (1542–1621) in einem Brief GALILEO GALILEI auf, das Kopernikanische Weltbild nicht als absolute Wahrheit zu vertreten, sondern als eine mögliche Hypothese (also ein Modell, das die Beobachtungen deutet); damit lag er wissenschaftstheoretisch und wissenschaftshistorisch nicht falsch. Umgekehrt forderte GALILEI die katholische Kirche auf, die Bibel nicht als naturwissenschaftliches Buch wörtlich zu verstehen; theologisch hatte also GALILEI recht. Eine durchaus kuriose Situation.

den Messpunkten eine Ausgleichsgerade zu legen und diese Gerade als Modell zu verwenden. Die Steigung der Geraden wird als Federkonstante bezeichnet und ist ein Maß für die Steifigkeit der Feder (das HOOKEsche Gesetz). Man nimmt dabei in Kauf, dass eventuell kein einziger Messpunkt auf der Geraden liegt. Da Messungen im Allgemeinen fehlerbehaftet sind, müssen Modelle Messungen nicht exakt abbilden.

Das Prinzip möglichst einfache Modelle zu verwenden, ist in der Philosophie als **Ockham's Rasiermesser** bekannt und geht auf WILHELM VON OCKHAM (1288–1347) zurück. Mit der Komplexität von Modellen basierend auf numerischen Messdaten verschlechtert sich im Allgemeinen auch die **Kondition,** d. h. kleine Änderungen in den Eingangsdaten führen zu großen Änderungen in den Ergebnissen (wie bei der Polynominterpolation der Messpunkte im obigen Beispiel). Da Modelle heutzutage häufig mit dem Computer ausgewertet werden und da durch Rundungsfehler kleine Änderungen in den Eingangsdaten unvermeidlich sind, kann dies fatale Folgen haben. Daher ist die Automatisierung der Modellbildung (zum Beispiel bei der Verwendung Neuronaler Netze) eine sehr gefährliche – und häufig völlig unnötige – Angelegenheit – aller Propaganda zum Trotz.

Wie man nun durch Induktion zu Modellen und entsprechenden Modellgrößen kommt, hängt natürlich von der verwendeten Wissenschaftssprache ab. Da die Physik sich der Wissenschaftssprache der Mathematik bedient, kann sie auf die Resultate der Mathematik zurückgreifen. Das zentrale Resultat für die Modellbildung in der Physik ist eines der schönsten Theoreme der Mathematik, das Theorem von AMALIE EMMY NOETHER (1882–1935). Dieses Theorem schafft eine Verbindung zwischen geometrischen Eigenschaften eines Raumes (nämlich sogenannten **Symmetrien**) und der Existenz von Erhaltungsgrößen. Eine Symmetrie bezüglich der Wahl des Anfangszeitpunkts in einem geeigneten physikalischen System führt auf die **Energie** als Größe, die erhalten bleibt. Hat man eine räumliche Symmetrie bezüglich der Wahl des Koordinatenursprungs, so erhält man die **Impulserhaltung** usw. Erhaltungsgrößen bieten sich als Modellgrößen in physikalischen Modellen an. Ein Nobelpreisträger für Physik von 1977, PHILIP WARREN ANDERSON (geb. 1923) fasst die Bedeutung des Theorems von NOETHER in der Bemerkung zusammen, Physik sei das Studium von Symmetrien.[8]

Wie schon erwähnt, dienen Modelle dazu, Beobachtungen zu deuten und Prognosen zu ermöglichen; es ist nicht sinnvoll, sie danach zu beurteilen, ob sie wahr oder falsch sind, sondern ob sie brauchbar und möglichst einfach sind. Dies hat

---

[8]siehe dazu JAKOB SCHWICHTENBERG: Durch Symmetrie die moderne Physik verstehen. Springer Spektum, Berlin, 2017.

immer wieder zu Kritik geführt. Dem englischen Historiker ROBERT CARLYLE (1795–1881) wird folgendes Zitat zugeschrieben:

> Nur die Tatsache hat Bedeutung; Johann ohne Land ist hier vorbeigegangen; das ist bemerkenswert, das ist eine tatsächliche Wahrheit, für die ich alle Theorien der Welt hergeben würde.[9]

HENRI POINCARÉ (1854–1912) hat diese Aussage folgendermaßen kommentiert:

> Der Physiker würde vielleicht sagen: Johann ohne Land ist hier vorbeigegangen; das ist mir gleichgültig, weil er nicht wieder vorbeikommt.[10]

Dieser Kommentar zielt darauf ab klarzumachen, dass es in den Wissenschaften (insbesondere in der Physik) darum geht, etwas zu prognostizieren. HANS HAHN, der sich mit Geschichte als wissenschaftlicher Disziplin auseinandergesetzt hat, hat – wenn man es auf das Beispiel von CARLYLE bezieht – eine weitaus subtilere Antwort gefunden:[11] In der Geschichtswissenschaft bestehen die Beobachtungen aus Quellen (schriftlich, archäologisch usw.). Aus diesen Quellen formt der Historiker ein Modell des Lebens von JOHANN OHNE LAND (1166–1216) (von einer *tatsächlichen Wahrheit* kann also keine Rede sein). Im Rahmen dieses Modells wird behauptet, dass er „hier vorbeigegangen ist". Diese Behauptung erlaubt durchaus eine Prognose, nämlich dass es keine Quelle geben kann, die behauptet, JOHANN OHNE LAND wäre nie hier gewesen. HANS HAHN hat damit gezeigt, dass die wissenschaftliche Methodik der Induktion mit dem Ziel der Deutung und der Prognose auch in der Geschichtswissenschaft zum Tragen kommt, auch wenn das den Historikern nicht bewusst sein mag. Auch in der Geschichtswissenschaft gibt es Modellgrößen, die den Rahmen der Interpretation historischer Fakten vorgeben. In seinem Buch *Der Gang der Weltgeschichte*[12] unternimmt es der Autor ARNOLD JOSEPH TOYNBEE (1889–1975) nachzuweisen, dass nicht Staaten und Reiche, sondern **Kulturen** die entscheidenden historischen Faktoren in der Weltgeschichte darstellen.

Kommen wir zurück zur Wahl der Modellgrößen in einem Modell. Wie wir schon gesehen haben, ist das Theorem von NOETHER ein Glücksfall, weil hier im Rahmen der Mathematik die Existenz von Erhaltungsgrößen implizit mitbehauptet wird (je nach Spezialfall: Energie, Impuls, Drehimpuls, elektrische Ladung usw.),

---

[9]zitiert aus HENRI POINCARÉ: Wissenschaft und Hypothese. Xenomoi Verlag, Berlin, 2003, S. 115.

[10]HENRI POINCARÉ: Wissenschaft und Hypothese. Xenomoi Verlag, Berlin, 2003, S. 115.

[11]HANS HAHN: Gesammelte Werke Band 3. Springer Verlag, Wien, 1997.

[12]ARNOLD JOSEPH TOYNBEE: Der Gang der Weltgeschichte. Europa Verlag, Zürich, 1949.

die sich als Modellgrößen anbieten. Generell ist zu sagen, dass die Einführung von Modellgrößen (immer möglichst wenige (Ockhams Rasiermesser)) von der Deutung der Beobachtungen abhängen soll und nicht von den etwaigen Folgen des Modells. Eine fast unglaubliche Begebenheit soll dies verdeutlichen[13]:

Im Jahre 1917 entschied sich EINSTEIN, seine allgemeine Relativitätstheorie auf das Universum anzuwenden (wie dies schon NEWTON mit seiner Gravitationstheorie getan hatte). Die Ergebnisse waren aber sehr ernüchternd. EINSTEIN hatte fest damit gerechnet und dies aus religiösen Gründen auch gewünscht, dass das Universum unbegrenzt aber statisch sei – wie die Oberfläche einer Kugel. Die Welt sollte ewig und anfangslos sein, damit sich die Frage nach einem Weltschöpfer erübrigen würde. Ihm war es wichtig, eine „kosmische Religiosität" an die Stelle eines „menschenartigen Gottes" zu setzen.[14] Seine Berechnungen ergaben aber ein dynamisches Universum. Um dieses Ergebnis zu verhindern, fügte EINSTEIN seinem Modell eine neue Modellgröße, das **kosmologische Glied** – eine Art Antigravitation – hinzu, um den gewünschten Effekt eines statischen Universums zu erhalten. Dieses gewünschte Ergebnis publizierte er 1917 (ohne Hinweis auf seine Absichten).[15] Im Jahre 1922 verwendete der russische Mathematiker ALEXANDER FRIEDMANN (1888–1925) die allgemeine Relativitätstheorie ohne das kosmologische Glied und konnte zeigen, dass das Universum expandiert und bei hinreichend großer Dichte der kosmischen Materie eine maximale Ausdehnung annimmt, um dann wieder in sich zusammenzufallen. EINSTEIN war tief schockiert, wollte FRIEDMANN einen Fehler nachweisen, was ihm aber nicht gelang. Der amerikanische Astronom EDWIN HUBBLE (1889–1953) untersuchte das Licht von sehr weit entfernten Galaxien spektroskopisch, um etwas über die chemische Zusammensetzung der Galaxien zu erfahren. Dabei zeigte sich etwas, womit er nicht gerechnet hatte, nämlich eine Rotverschiebung des Spektrums, was ein klares Indiz dafür war, dass sich die beobachtete Galaxie entfernt und das Universum expandiert. Nach einem Besuch bei HUBBLE 1930 hat EINSTEIN die Verwendung des kosmologischen Glieds in einem Interview als „größte Eselei meines Lebens" bezeichnet.

Viele wissenschaftliche Modelle gehen davon aus, dass unter gleichen Rahmenbedingungen auch die gleichen Beobachtungen (ohne Berücksichtigung von Beobachtungsfehlern, also zum Beispiel Messfehler in der Physik) gemacht werden. Es gibt aber Phänomene, deren Modellierung diese Annahme nicht

---

[13]siehe für das Folgende HARRO HEUSER: Unendlichkeiten. B. G. Teubner Verlag, Wiesbaden, 2013.

[14]ALBERT EINSTEIN: Mein Weltbild. Ullstein Verlag, Frankfurt am Main, 1934.

[15]ALBERT EINSTEIN: Kosmologische Betrachtungen zur allgemeinen Realtivitätstheorie. Sitzungsberichte der Preußischen Akademie der Wissenschaften 1917, S. 142–152.

mehr rechtfertigen. So zeigt zum Beispiel die **Unschärferelation** von WERNER HEISENBERG (1901–1976) die Grenzen der Reproduzierbarkeit von Messungen in der Quantenmechanik auf. Ein zweites Beispiel ist die **Evolutionstheorie.** Nach CHARLES DARWIN (1809–1882) entstanden die Arten durch Variation und Selektion. Variationen werden heute durch Mutationen in der Erbsubstanz, der DNA, erklärt. Das Auftreten einer Mutation erscheint durch die vorhandenen Beobachtungen als nicht deterministisch und damit nicht genau prognostizierbar. Beide Modelle – die Quantenmechanik und die Evolutionstheorie – verwenden daher eine Modellgröße, die mehr und mehr an Bedeutung gewinnt, den **Zufall.** Sind Beobachtungen einerseits nicht reproduzierbar, lassen sich aber dennoch durch eine vernünftige Anzahl von Beobachtungen gewisse Gesetzmäßigkeiten erkennen, so kann auch der Zufall im Rahmen der Mathematik durch ein **Wahrscheinlichkeitsmaß** modelliert werden.[16] Während man bei der Evolutionstheorie nicht weiß, ob Mutationen nicht doch deterministisch ablaufen und man nur nicht alle dafür notwendigen Parameter kennt (damit wäre der Zufall nur eine Hilfskonstruktion), geht man in der Quantenmechanik davon aus, dass dies nicht der Fall ist, sondern dass der Zufall eine fundamentale, nicht ersetzbare Modellgröße darstellt (**Kopenhagener Deutung**[17] von 1927). ALBERT EINSTEIN hat sich stets gegen den Zufall als fundamentale Modellgröße gewehrt. Berühmt ist sein Diktum in einem Brief an MAX BORN (1882–1970):

> Die Quantenmechanik ist sehr achtunggebietend. Aber eine innere Stimme sagt mir, daß das noch nicht der wahre Jakob ist. Die Theorie liefert viel, aber dem Geheimnis des Alten bringt sie uns kaum näher. Jedenfalls bin ich überzeugt, daß der nicht würfelt.[18]

---

[16]Die Mathematik hat hier vorgearbeitet: Es war wohl BLAISE PASCAL, der in einem lateinisch geschriebenen Brief an die Pariser Akademie 1654 zum ersten Mal von einer **aleae geometria**, also in unserer heutigen Sprache von einer **Mathematik des Zufalls** sprach:

... et sic matheseos demonstrationes cum aleae incertitudine jugendo, et quae contraria videntur conciliando, ab utraque nominationem suam accipiens, stupendum hunc titulum jure sibi arrogat: Aleae Geometria.
(Durch die so zwischen den Beweisen der Mathematik und der Unsicherheit des Zufalls und durch die Versöhnung scheinbarer Widersprüche verwirklichte Vereinigung kann sie ihren Namen von beiden Seiten herleiten und sich mit Recht diesen erstaunlichen Titel verleihen: Mathematik des Zufalls).

siehe SEBASTIAN SIMMERT: Probabilismus und Wahrheit. Springer Fachmedien, Wiesbaden, 2017. S. 199 f.

[17]Man beachte, dass hier von *Deutung* gesprochen wird.

[18] siehe ERNST PETER FISCHER: Die andere Bildung. Was man von den Naturwissenschaften wissen sollte. Ullstein Verlag, Berlin, 2001.

NIELS BOHR (1885–1962), der zusammen mit WERNER HEISENBERG die Kopenhagener Deutung formuliert hat, soll darauf geantwortet haben, dass es nicht unsere Aufgabe sei, Gott vorzuschreiben, wie er die Welt regieren soll. Die **Bellsche Ungleichung** hat später zu dem Ergebnis geführt, dass der Zufall in der Quantenmechanik nicht durch verborgene Parameter erklärt werden kann.

Interessant ist, dass mit dem Zufall auch GOTT $(-\infty - +\infty)$ ins Spiel kommt. Viele Wissenschaftler glauben, dass GOTT dort in das Weltgeschehen eingreifen kann, wo der Zufall den nötigen Spielraum liefert. GOTT kommt dadurch wieder aufs Spielfeld und ist nicht dazu verdammt auf der Tribüne zu sitzen, nachdem er das Ganze einmal angestoßen hat (Deismus); insbesondere hätte GOTT dadurch auch einen Fuß in die Tür der Evolution bekommen, was viele gläubige Menschen beruhigen würde. Von dem französischen Literaturnobelpreisträger ANATOL FRANCE (1844–1924) soll der Aphorismus stammen, Zufall sei das Pseudonym Gottes, wenn er nicht unterschreiben will.

Man sollte aber nicht vergessen, dass wir immer von Modellen sprechen; auch die Quantenmechanik und die Evolutionstheorie sind Modelle, die Beobachtungen deuten. Nach welchen Gesetzen (wenn überhaupt) die Natur wirklich funktioniert, wissen wir nicht und werden es auch nie wissen. Gewisse Beobachtungen geben sogar zu der Vermutung Anlaß, dass Modelle spontan ihre Gültigkeit verlieren können. Dazu ein ungewöhnliches Beispiel in bezug auf die Gravitation:

JOSEPH VON COPERTINO (1603–1663) war ein italienischer Franziskaner-Minorit. Im Gebet oder beim Lesen der Messe konnte es passieren, dass er abgehoben hat und bis zu 60 m hoch geflogen ist. Diese Levitationen sind in über 100 Fällen auch unter Eid bezeugt – von Gläubigen und Ungläubigen – darunter Prinzessin MARIA VON SAVOYEN (1594–1656), JOHANN II KASIMIR (1609–1972) von Polen und JOHANN FRIEDRICH VON BRAUNSCHWEIG-LÜNEBURG (1625–1679) (Förderer von GOTTFRIED WILHELM LEIBNIZ (1646–1716)), der daraufhin 1651 zum katholischen Glauben konvertiert ist. Die katholische Kirche hat sich mit diesem Franziskaner nicht leicht getan und die Vorfälle von der Inquisition untersuchen lassen. Da diese Untersuchung ergebnislos geblieben ist, hat man JOSEPH völlig von der Außenwelt isoliert. Er durfte keine Briefe schreiben und keine Briefe empfangen und sich selbst im Kloster nicht frei bewegen.[19] Man kann nun diese Beobachtungen ignorieren oder sie (mit einem gewissen Recht) nach 350 Jahren für nicht mehr deutbar erklären. Viele gläubige Menschen, die diese Levitationen ernst nehmen, fragen sich, warum GOTT für einen kleinen unbedeutenden Franziskaner in der italienischen Provinz eines seiner Naturgesetze (die Gravitation betreffend) außer Kraft gesetzt hat. In diesem Kapitel sollte klar geworden sein, dass diese

---

[19]siehe GOTTFRIED EGGER: Hingerissen von der Liebe Gottes. EOS Verlag, St. Ottilien, 2014.

Interpretation nicht haltbar ist. Als gläubiger Katholik, der die Levitationen des
JOSEPH ernst nimmt, kann man auch zu dem Ergebnis kommen, dass unsere sub-
jektiven Naturmodelle ihre Gültigkeit verlieren können, wenn wir GOTT geistig zu
nahe kommen. Er selbst setzt dann nichts willkürlich außer Kraft.[20] Wo die Nähe
zu GOTT fehlt, sind keine ‚Wunder' möglich (Neues Testament: „Er (Jesus) konnte
dort keine Wunder wirken"). Für Leser, die sich für wundersame Beobachtungen aus
unserer Zeit interessieren, sei das Buch *Der Wunderpapst* über JOHANNES PAUL II
(1920–2005) empfohlen.[21] Auf den möglichen Einwand, dass GOTT in der Wissenschaftsphilosophie nichts zu suchen hätte, würde ich antworten, dass ich mich mit
EINSTEIN und BOHR (um nur die in diesem Kapitel explizit Erwähnten zu nennen)
in angenehmer Gesellschaft befinde.

---

[20] An dieser Stelle sei an die Philosophie des NIKOLAUS VON KUES (1401–1464) erinnert.
Ein zentraler Begriff ist dabei die **coincidentia oppositorum** (Zusammenfall der Gegensätze)
in GOTT.

[21] ANDREAS ENGLISCH: Der Wunderpapst. btb Verlag, München, 2012[4].

Falsifikation und Bewährung 3

Wie wir bereits gesehen haben, besteht ein unentbehrlicher Bestandteil eines induktiv gewonnenen Modells darin, Prognosen formulieren zu können, die entweder entsprechende mögliche Beobachtungen implizieren (Auffinden des Planeten Neptun im Gravitationsmodell von NEWTON) oder die gewisse Beobachtungen ausschließen (zum Beispiel eine Quelle, die besagt, JOHANN OHNE LAND sei nie hier gewesen). Die Prognosen selbst ergeben sich deduktiv aus der Frage, was durch das Modell implizit mit ausgesagt wird. Deshalb ist die Deduktion ein wichtiger Bestandteil jeder Wissenschaftsdisziplin. Ein Modell, das keine Prognosen zulässt, die entsprechenden Beobachtungen zugänglich sind (oder diese ausschließen), hat mit induktiver Wissenschaftsmethodik nichts zu tun. Hat man aber entsprechende Prognosen gewonnen und kann man daraufhin gezielte Beobachtungen anstellen, so kann sich ein Modell bewähren (wie das Gravitationsmodell von NEWTON bei der Beobachtung des Neptun) oder nicht (wie bei der Prognose für den Merkur). Die Übergänge sind – wie man an dem Beispiel der Periheldrehung des Merkur sehen kann – natürlich fließend. Es kann aber auch passieren, dass sich ein Modell durch eine Prognose als für das entsprechende Szenario unbrauchbar erweist. Die von HUBBLE beobachtete Rotverschiebung des Lichts ferner Galaxien zeigt an, dass sich die klassische allgemeine Relativitätstheorie (ohne kosmologisches Glied) bei der Modellierung des Universums bewährt, während sich das Modell von EINSTEIN eben nicht bewährt, sondern unbrauchbar ist. Man sollte auch hier die Bewertungen **wahr** und **falsch** vermeiden. In der Geschichtswissenschaft kann sich eine Prognose bewähren, wenn weitere Quellen gefunden werden, die zum Beispiel behaupten, dass JOHANN OHNE LAND hier gewesen ist.

© Springer Fachmedien Wiesbaden GmbH, ein Teil von Springer Nature 2019
S. Schäffler, *Wissenschaftsphilosophie*, essentials,
https://doi.org/10.1007/978-3-658-23871-1_3

Erweist sich ein Modell durch eine Prognose und durch die entsprechenden Beobachtungen für den prognostizierten Fall als unbrauchbar, so spricht man (leider) von **Falsifikation.** Für jedes Modell muss es die prinzipielle Möglichkeit geben, durch eine Prognose und entsprechende Beobachtungen **falsifiziert** zu werden. Dieses wichtige Prinzip stammt von SIR KARL RAIMUND POPPER (1902–1994). Ereignet sich die Falsifizierung eines Modells, so ist dieses Modell nicht falsch, sondern eingeschränkter brauchbar als vielleicht erwartet und man muss daher versuchen, „bessere" Modelle zu finden, also Modelle, die universeller einsetzbar sind. Diese neuen Modelle sind dann aber in der Regel auch komplizierter. Die allgemeine Relativitätstheorie ist bezüglich der Verwendbarkeit eine Erweiterung des Gravitationsmodells von NEWTON. KARL POPPER schreibt dazu:

> Wir sehen so letzten Endes die Wissenschaft als ein grandioses Abenteuer des Geistes vor uns. Ein unermüdliches Erfinden von neuen Theorien und Ausprobieren von Theorien an der Erfahrung. Die Prinzipien des wissenschaftlichen Fortschritts erweisen sich als von sehr einfacher Natur. Die erreichten Sätze und Theorien gewähren nicht die Sicherheit (oder auch nur einen hohen Grad von „Wahrscheinlichkeit" im Sinne der Wahrscheinlichkeitsrechnung), die man von ihnen aufgrund magischer Vorstellungen von der Wissenschaft und vom Wissenschaftler erwarten würde. Nicht auf die Entdeckung absolut sicherer Theorien geht die Bemühung des Wissenschaftlers hinaus, sondern auf die Entdeckung oder, vielleicht besser, Erfindung von immer besseren Theorien ..., die immer strengeren Prüfungen unterworfen werden können ... Das heißt aber, die Theorien müssen falsifizierbar sein: Durch ihre Falsifikation macht die Wissenschaft Fortschritte.[1]

Der Physiker und Nobelpreisträger von 1945, WOLFGANG PAULI (1900–1958), hat Modelle, die nicht falsifizierbar sind, als *nicht einmal falsch* („not even wrong") bezeichnet (in dem hier vorgelegten Kontext würden wir von Modellen sprechen, die nicht einmal unbrauchbar sind).[2] Dieses Zitat hat der amerikanische Physiker PETER WOIT (geb. 1957) zum Anlass genommen, in einem Buch mit dem Titel *Not Even Wrong. The Failure of String Theory and the Continuing Challenge to Unify*

---

[1] KARL R. POPPER: Objektive Erkenntnis. Hoffmann und Campe Verlag, Hamburg, 1984, S. 375.

[2] WOLFGANG PAULI gehört zu den wenigen Wissenschaftlern, die als Außenstehende ein großes Interesse an der Psychologie hatten und die die Modellbildung in diesem Bereich mit großer Aufmerksamkeit verfolgten. Er war mit CARL GUSTAV JUNG (1875–1961) befreundet und hatte großen Anteil an der Konzeption der Jungschen Modellgrößen **Synchronizität, kollektives Unterbewusstsein** und **Archetypus**, die JUNG in seiner **analytischen Psychologie** verwendet.

the Laws of Physics[3] der **Stringtheorie** die Rolle einer wissenschaftlichen Theorie abzusprechen. Der Festkörperphysiker und Nobelpreisträger von 1998, ROBERT BETTS LAUGHLIN (geb. 1950), schreibt dazu:

> Far from a wonderful technological hope for a greater tomorrow, string theory is the tragic consequence of an obsolete belief system.[4]

Ein wesentliches Problem der Stringtheorie besteht darin, dass man in dieser Theorie nicht mehr mit den drei Raumdimensionen auskommt, sondern zehn oder mehr Raumdimensionen benötigt, in denen Prognosen natürlich zunächst keine praktische Bedeutung (im Sinne von möglichen Beobachtungen) haben. Ferner wird die Ausdehnung eines Strings, den man sich als eindimensionales Gebilde vorstellt, in der Größenordnung der Planck-Länge, also ca. 10^{-35} m, angegeben, was jede Art von Messung unmöglich macht. Deshalb versucht man, mit der sogenannten **String-Phänomenologie** sowohl die Größenordnungen als auch das Dimensionsproblem in den Griff zu bekommen (Kompaktifizierung). Niemand kann wohl vorhersagen, ob die Stringtheorie jemals ein falsifizierbares physikalisches Modell werden kann. Deshalb sollte man versuchen, diese Theorie wissenschaftstheoretisch in die Mathematik zu integrieren; ansonsten muss man befürchten, dass sich WILHELM VON OCKHAM mit seinem Rasiermesser in seinem zehndimensionalen Münchner Grabe umdreht.

---

[3] PETER WOIT: Not Even Wrong. The Failure of String Theory and the Continuing Challenge to Unify the Laws of Physics. Basic Books, New York, 2007.

[4] ROBERT BETTS LAUGHLIN: A different universe – Reinventing physics from the bottom down. Basic Books, New York, 2005.

Deutsche Übersetzung: ROBERT BETTS LAUGHLIN: Abschied von der Weltformel. Die Neuerfindung der Physik. Piper Verlag, München, 2007.

Deutung 4

> *Gefährlich ist es, den Menschen zu*
> *sehr darauf zu stoßen, wie sehr er*
> *dem Tiere gleicht, ohne ihm*
> *gleichzeitig seine Größe zu zeigen. Es*
> *ist auch gefährlich, ihm seine Größe*
> *ohne seine Niedrigkeit zu zeigen. Und*
> *noch gefährlicher ist es, ihn in der*
> *Unwissenheit über beides zu lassen.*
> *Aber sehr nützlich ist es, ihm beides*
> *vor Augen zu halten.*
> BLAISE PASCAL

Wären die Menschen allwissend, so wüssten sie stets, was durch gegebene Aussagen mit ausgesagt wird. Auf der anderen Seite sind die Menschen nicht komplett unfähig zu erkennen, was durch gegebene Aussagen mit ausgesagt wird, da sie die Methode der Deduktion zur Verfügung haben.

Wären die Menschen allwissend, so wüssten sie, ob und wenn ja, wie die Natur strukturiert ist und welchen Gesetzen sie unterworfen ist. Auf der anderen Seite sind die Menschen den Naturphänomenen nicht ahnungslos ausgeliefert, da sie die Methode der Induktion zur Verfügung haben, die es ihnen ermöglicht, Modelle zu formulieren und dadurch unglaubliche technische Leistungen zu vollbringen, diese Modelle aber auch zu überprüfen. Der Mensch ist also weit davon entfernt nichts zu wissen und weit davon entfernt alles zu wissen.

Niemand hat wohl tiefer über diese Situation des Menschen nachgedacht, als BLAISE PASCAL. Geboren 1623 in Clairmont – seit 1630 Clermont-Ferrand – gilt er als mathematisches Wunderkind. Mit zwölf Jahren entdeckt er spielerisch die Geometrie für sich und dringt so nach dem Zeugnis seiner älteren Schwester bis zum 32. Lehrsatz im ersten Buch der *Elemente* des EUKLID (ca. 365 – ca. 285) vor,

© Springer Fachmedien Wiesbaden GmbH, ein Teil von Springer Nature 2019   27
S. Schäffler, *Wissenschaftsphilosophie,* essentials,
https://doi.org/10.1007/978-3-658-23871-1_4

da ihm sein Vater den zu frühen Umgang mit der Mathematik verbietet. 1642 erfindet er eine mechanische Rechenmaschine (neun von ca. fünfzig Exemplaren gibt es heute noch; die Programmiersprache PASCAL ist nach ihm benannt). Berühmt wird er für seine Barometerversuche und für die Begründung des Gesetzes der kommunizierenden Röhren; daher wird in der Physik die Größe **Druck** in *Pascal* gemessen. Zusammen mit PIERRE DE FERMAT (1607–1665) wird er – angeregt durch Untersuchungen zu Gewinnchancen beim Glückspiel – zu den Begründern der Stochastik (aleae geometria). In Form von Flugblättern, die fiktive Briefe an einen Freund in der Provinz enthalten, mischt er sich in die theologischen Auseinandersetzungen seiner Zeit ein und bezieht dabei Partei gegen die damals sehr mächtigen Jesuiten. Eine unglaubliche Sprachgewalt, deren Umsetzung heute als Beginn der französischen Hochsprache angesehen wird, in Verbindung mit streng deduktiver Argumentation und beißender Ironie verbindet sich zu einem rhetorischen Feuerwerk. Anfang 1662 erfindet er das, was wir heute **öffentlichen Nahverkehr** nennen. Kutschen sollen dabei nach einem festen Fahrplan für wenig Geld Menschen befördern, die sich keine eigene Kutsche mieten oder kaufen können.

Der zentrale Begriff seiner Anthropologie[1] ist der Begriff der **Mitte:**

---

[1]Diese Anthropologie ist nicht als durchkomponierte Abhandlung überliefert, sondern in Form von etwa eintausend Fragmenten, die – auf Zetteln notiert – nach dem Tod PASCALS gefunden wurden. Diese Fragmente wurden unter dem Titel *Gedanken* veröffentlicht und stellen nach ROMANO GUARDINI (1885–1968) eines der *Grundbücher der Weltliteratur* dar. Siehe: BLAISE PASCAL: Gedanken. Philipp Reclam jun. Verlag, Stuttgart, 1997.

LUDWIG WITTGENSTEIN soll dieses Buch während des ersten Weltkriegs stets in seinem Tornister mit sich getragen haben. ANTOINE DE SAINT-EXUPÉRY (1900–1944) hatte es auf jedem Flug dabei. In seinem letzten Werk *Die Stadt in der Wüste* hat er PASCAL ein literarisches Denkmal gesetzt:

Ich habe den einzigen wahrhaften Mathematiker, meinen Freund, gekannt, der mich Tag und Nacht belehren konnte, und dem ich meine Zweifelsfragen vorlegte: nicht um ihre Lösung, sondern um seine Auffassung darüber zu erfahren, wodurch sie bereits ein anderes Gesicht erhielten; denn da es dieser bestimmte Mensch war – er selbst und kein anderer – hörte er jene Note nicht wie ich, sah er jene Sonne, kostete er jenes Mahl nicht wie du, sondern bereitete aus den Stoffen, die ihm zu Gebote standen, eine bestimmte Frucht mit einem bestimmten Geschmack und keine andere – eine Frucht, die ganz einfach da war, weder wägbar noch messbar, sondern als ein sich entfaltendes Vermögen von dieser Beschaffenheit und keiner anderen, das dieser Lenkung und keiner anderen unterstand; ich habe die Weite in ihm gekannt oder die Einsamkeit und ging zu ihm, wie man den Meereswind sucht –, was hätte ich aber von ihm empfangen, wenn ich mich nicht an den Menschen, sondern an die Vorräte, an die Früchte und nicht an den Baum gewandt und danach getrachtet hätte, meinen Geist und mein Herz durch ein paar geometrische Lehrsätze zu befriedigen.

Denn was ist schließlich der Mensch in der Natur? Ein Nichts im Vergleich mit dem Unendlichen, ein All im Vergleich mit dem Nichts, ein Mittelding zwischen nichts und allem, unendlich weit entfernt, die Extreme zu erfassen; das Ende der Dinge und die Anfänge sind ihm in einem undurchdringlichen Geheimnis unerbittlich verborgen. [...] Was kann er also anderes wahrnehmen als ein äußerliches Bild von der Mitte der Dinge, während er auf ewig verzweifelt, ihren Anfang und ihr Ende zu erkennen. [...] Da wir in jeder Hinsicht begrenzt sind, findet sich dieser Zustand, der die Mitte zwischen zwei Extremen einnimmt, in allen unseren Fähigkeiten. Unsere Sinne nehmen nichts Extremes wahr, zuviel Geräusch betäubt uns, zuviel Licht blendet, zu große Entfernung und zu große Nähe entzieht sich den Blicken. [...] Das ist unser wahrer Zustand. Das macht uns unfähig, etwas entweder sicher zu wissen oder es überhaupt nicht zu kennen. Wir treiben auf einer weiten Mitte, immer unsicher und schwankend, von einem Ende zum anderen gestoßen; jeglicher Grenzpunkt, an dem wir uns klammern und festhalten wollten, gerät ins Wanken und entschlüpft uns, und wenn wir ihn verfolgen, entzieht er sich unserem Zugriff, er entgleitet uns und wendet sich zu ewiger Flucht; nichts steht für uns still. Das ist unser natürlicher Zustand, der gleichwohl unserer Neigung am meisten widerspricht. [...] Suchen wir also keine Sicherheit und Festigkeit; unsere Vernunft wird immer von der Unbeständigkeit der äußeren Erscheinungen getäuscht.[2]

Für eine kurze Zeitspanne von etwa zwei Stunden wurde PASCAL selbst dieser Lebenssituation enthoben. Was auch immer damals passiert ist, PASCAL hat versucht, es in einem Protokoll (seinem berühmten **Mémorial**) schriftlich festzuhalten. Diesen Zettel trug er die verbleibenden knapp acht Jahre seinens Lebens eingenäht im Futter seines Gewandes stets bei sich; das Mémorial wurde nach seinem Tod gefunden.

Dieses einzigartige Dokument soll nun den Abschluss bilden.[3]

Im Jahre des Heils 1654.
Montag, 23. November, Tag des heiligen Clemens, des Papstes und Märtyrers, und anderer im Martyrologium.
Vigil des heiligen Chrysogonus, des Märtyrers, und anderer.
Seit ungefähr halb elf Uhr abends bis ungefähr eine halbe Stunde nach Mitternacht.
Feuer.
Der Gott Abrahams, der Gott Isaaks und der Gott Jakobs,
nicht der Philosophen und der Gelehrten.

---

siehe: ANTOINE DE SAINT-EXUPÉRY: Die Stadt in der Wüste. Karl Rauch Verlag, Düsseldorf, 2002, S. 653 f.

Der deutsche General und Widerstandskämpfer des 20. Juli 1944, CARL HEINRICH VON STÜLPNAGEL (1886–1944), hatte PASCALS Gedanken auf seinem Nachttisch liegen und gerade in den schicksalshaften Tagen um den 20. Juli 1944 intensive Betrachtungen darüber angestellt.

[2]Fragment 199, nach alter Zählung Fragment 72.

[3]Ist als Fragment 913 den Gedanken beigegeben.

Gewißheit, Gewißheit, Empfinden, Freude, Frieden.
Der Gott Jesu Christi.
Deum meum et deum vestrum.
Dein Gott ist mein Gott.
Vergessen der Welt und aller Dinge, nur Gottes nicht.
Er ist allein auf den Wegen zu finden, die im Evangelium gelehrt werden.
Größe der menschlichen Seele.
Gerechter Vater, die Welt kennt dich nicht; ich aber kenne dich.
Freude, Freude, Freude, Freudentränen.
Ich habe mich von ihm getrennt.
Dereliquerunt me fontem aquae vivae.
Mein Gott, wirst du mich verlassen?
Möge ich nicht auf ewig von ihm getrennt sein.
Das ist aber das ewige Leben, dass sie dich, der du allein wahrer Gott bist, und den du
gesandt hast, Jesum Christum, erkennen.
Jesus Christus.
Jesus Christus.
Ich habe mich von ihm getrennt, ich habe mich ihm entzogen, habe ihn verleugnet und
gekreuzigt.
Möge ich niemals von ihm getrennt sein.
Er ist allein auf den Wegen zu bewahren, die im Evangelium gelehrt werden.
Vollkommene Unterwerfung unter Jesus Christus und meinen geistlichen Berater.
Ewige Freude für einen Tag der Mühe auf Erden.
Non obliviscar sermones tuos. Amen.

Was Sie aus diesem *essential* mitnehmen können

- Wissenschaft erklärt nicht, sondern deutet.
- Wissenschaftliche Modelle sind nicht wahr oder falsch, sondern mehr oder weniger brauchbar.
- Die Einführung von Modellgrößen und ihre Bedeutung.
- Was können wir wissen?

© Springer Fachmedien Wiesbaden GmbH, ein Teil von Springer Nature 2019
S. Schäffler, *Wissenschaftsphilosophie,* essentials,
https://doi.org/10.1007/978-3-658-23871-1

Literatur

1. JOSEPH M. BOCHEŃSKY: Formale Logik. Verlag Karl Alber Freiburg 2015[2].
2. ALAN FRANCIS CHALMERS: Wege der Wissenschaft. Springer Verlag Berlin 2007[6].
3. OLIVER DEISER: Einführung in die Mengenlehre. Springer Verlag Berlin 2004.
4. GOTTFRIED EGGER: Hingerissen von der Liebe Gottes. EOS Verlag St. Ottilien 2014.
5. ALBERT EINSTEIN: Kosmologische Betrachtungen zur allgemeinen Realtivitätstheorie. Sitzungsberichte der Preußischen Akademie der Wissenschaften 1917, S. 142–152.
6. ALBERT EINSTEIN: Mein Weltbild. Ullstein Verlag Frankfurt am Main 1934.
7. ANDREAS ENGLISCH: Der Wunderpapst. btb Verlag München 2012[4].
8. ERNST PETER FISCHER: Die andere Bildung. Was man von den Naturwissenschaften wissen sollte. Ullstein Verlag Berlin 2001.
9. SIGMUND FREUD: Das Ich und das Es, in: Studienausgabe, Bd. III: Psychologie des Unbewußten. Fischer Verlag Frankfurt am Main 1975.
10. KURT GÖDEL: Über formal unentscheidbare Sätze der Principia Mathematica und verwandter Systeme I. In: Monatshefte für Mathematik und Physik, 38, 1931, S. 173–198.
11. HANS HAHN: Gesammelte Werke. 3 Bände. Springer Verlag Wien 1997.
12. HARRO HEUSER: Unendlichkeiten. B. G. Teubner Verlag Wiesbaden 2013.
13. Katechismus der katholischen Kirche. Oldenbourg Verlag München 2003.
14. BERNHARD LAUTH, JAMEL SAREITER: Wissenschaftliche Erkenntnis. mentis Verlag Paderborn 2005[2].
15. SIMON LOHSE, THOMAS REYDON (Hg.): GRUNDRISS Wissenschaftsphilosophie. Felix Meiner Verlag Hamburg 2017.
16. PAUL LORENZEN: Metamathematik. B.I. Wissenschaftsverlag Mannheim 1980[2].
17. ROBERT BETTS LAUGHLIN: A different universe - Reinventing physics from the bottom down. Basic Books New York 2005. Deutsche Übersetzung: Robert Betts Laughlin: Abschied von der Weltformel. Die Neuerfindung der Physik. Piper Verlag München 2007.
18. WOLFGANG NEUSER: Natur und Begriff. Springer Fachmedien Wiesbaden 2017[2].
19. ISAAC NEWTON: Philosophiae Naturalis Principia Mathematica. Cambridge University Press Cambridge 1972.
20. BLAISE PASCAL: Gedanken. Philipp Reclam jun. Verlag Stuttgart 1997.
21. HENRI POINCARÉ: Wissenschaft und Hypothese. Xenomoi Verlag Berlin 2003.
22. KARL RAIMUND POPPER: Objektive Erkenntnis. Hoffmann und Campe Verlag Hamburg 1984.

© Springer Fachmedien Wiesbaden GmbH, ein Teil von Springer Nature 2019 33
S. Schäffler, *Wissenschaftsphilosophie*, essentials,
https://doi.org/10.1007/978-3-658-23871-1

23. WOLFGANG SCHADEWALDT: Die Anfänge der Philosophie bei den Griechen. Die Vorsokratiker und ihre Voraussetzungen. Tübinger Vorlesungen Band I. Suhrkamp Verlag Frankfurt am Main 1978.

24. ANTOINE DE SAINT-EXUPÉRY: Die Stadt in der Wüste. Karl Rauch Verlag Düsseldorf 2002.

25. JAKOB SCHWICHTENBERG: Durch Symmetrie die moderne Physik verstehen. Springer Spektum Berlin 2017.

26. SEBASTIAN SIMMERT: Probabilismus und Wahrheit. Springer Fachmedien Wiesbaden 2017.

27. BARUCH DE SPINOZA: Ethik in geometrischer Ordnung dargestellt. Felix Meiner Verlag Hamburg 2012^3.

28. HOLM TETENS: Wissenschaftstheorie. C.H.Beck Verlag München 2013.

29. ARNOLD JOSEPH TOYNBEE: Der Gang der Weltgeschichte. Europa Verlag Zürich 1949.

30. HARALD ANDREAS WILTSCHE: Einführung in die Wissenschaftstheorie. Vandenhoeck & Ruprecht Göttingen 2013.

31. LUDWIG WITTGENSTEIN: Tractatus logico-philosophicus. Suhrkamp Verlag Frankfurt am Main 2003.

32. PETER WOIT: Not Even Wrong. The Failure of String Theory and the Continuing Challenge to Unify the Laws of Physics. Basic Books New York 2007.